ESPACIO INCREÍBLE

LA LUNA

POR MATT LILLEY

CREATIVE EDUCATION • CREATIVE PAPERBACKS

Publicado por Creative Education y Creative Paperbacks
P.O. Box 227, Mankato, Minnesota 56002
Creative Education y Creative Paperbacks
son sellos de The Creative Company
www.thecreativecompany.us

Diseño de The Design Lab
Dirección artística de Graham Morgan
Editado por Joe Tischler y Ana Brauer

Fotografías de Getty/Grant Faint, 21, NASA, 14, NurPhoto, 5, Rolls Press/Popperfoto, 17; NASA/Unknown, 2, 9, 10, 13, 15, 16, Ben Smegelsky, 22-23, NOAA, 6; Pexels/Axel Sandoval, 4; Unsplash/ Michael, 19; Wikimedia Commons/ Justus Sustermans, 12, NASA/Neil Armstrong, 18, Estudio de visualización científica de la NASA - Ernie Wright, Noah Petro, David Ladd, 1, Estudio de visualización científica de la NASA - Ernie Wright, Noah Petro, David Ladd, 1, Paramanu Sarkar, portada

Library of Congress Cataloging-in-Publication Data
Names: Lilley, Matt, author.
Title: La luna / Matt Lilley.
Other titles: Moon. Spanish
Description: Mankato, Minnesota : Creative Education and Creative Paperbacks, [2025] | Series: Espacio increíble | Includes index. | Audience: Ages 6–9 | Audience: Grades 2–3 | Summary: "Learn about Earth's moon and the discoveries astronauts have made there. Translated into North American Spanish, this astronomy title for elementary-aged kids includes captions, on-page definitions, a space science feature, and an index"— Provided by publisher.
Identifiers: LCCN 2024022747 (print) | LCCN 2024022748 (ebook) | ISBN 9798889895435 (library binding) | ISBN 9781682777367 (paperback) | ISBN 9798889895510 (ebook)
Subjects: LCSH: Moon—Juvenile literature.
Classification: LCC QB582 .L5518 2025 (print) | LCC QB582 (ebook) | DDC 523.3—dc23/eng/20240617
LC record available at https://lccn.loc.gov/2024022747
LC ebook record available at https://lccn.loc.gov/2024022748

Impreso en China

Índice

El satélite de la Tierra 4

Dos caras 6

Rocas similares a la Tierra 8

Galileo 12

Astronautas 14

Siempre en la sombra 18

La increíble Luna 20

El espacio en el foco: Misiones lunares Artemis 22

Índice 24

La Luna es el único **satélite** *natural de la Tierra.*

La Luna es el objeto más brillante del cielo nocturno. Refleja la luz del Sol. Vemos la parte de la Luna sobre la que brilla el Sol. Las formas diferentes que vemos se llaman fases.

satélite algo que se mueve alrededor de un objeto mayor

La Luna está a unos 238.900 millas (384.472 kilómetros) de la Tierra. Si pudiera conducir hasta allí, tardaría unos seis meses. La misma cara de la Luna está siempre orientada hacia la Tierra. Nadie había visto nunca la cara oculta hasta que se tomaron fotografías desde el espacio.

El nombre Luna es una palabra latina

La Luna es rocosa. Está formada en su mayor parte por rocas similares a las de la Tierra. Los científicos creen que la Luna formaba parte de la Tierra. La Luna podría haberse formado cuando un planeta del tamaño de Marte chocó contra la Tierra.

La roca más antigua encontrada en la Luna tiene más de 4.400 millones de años.

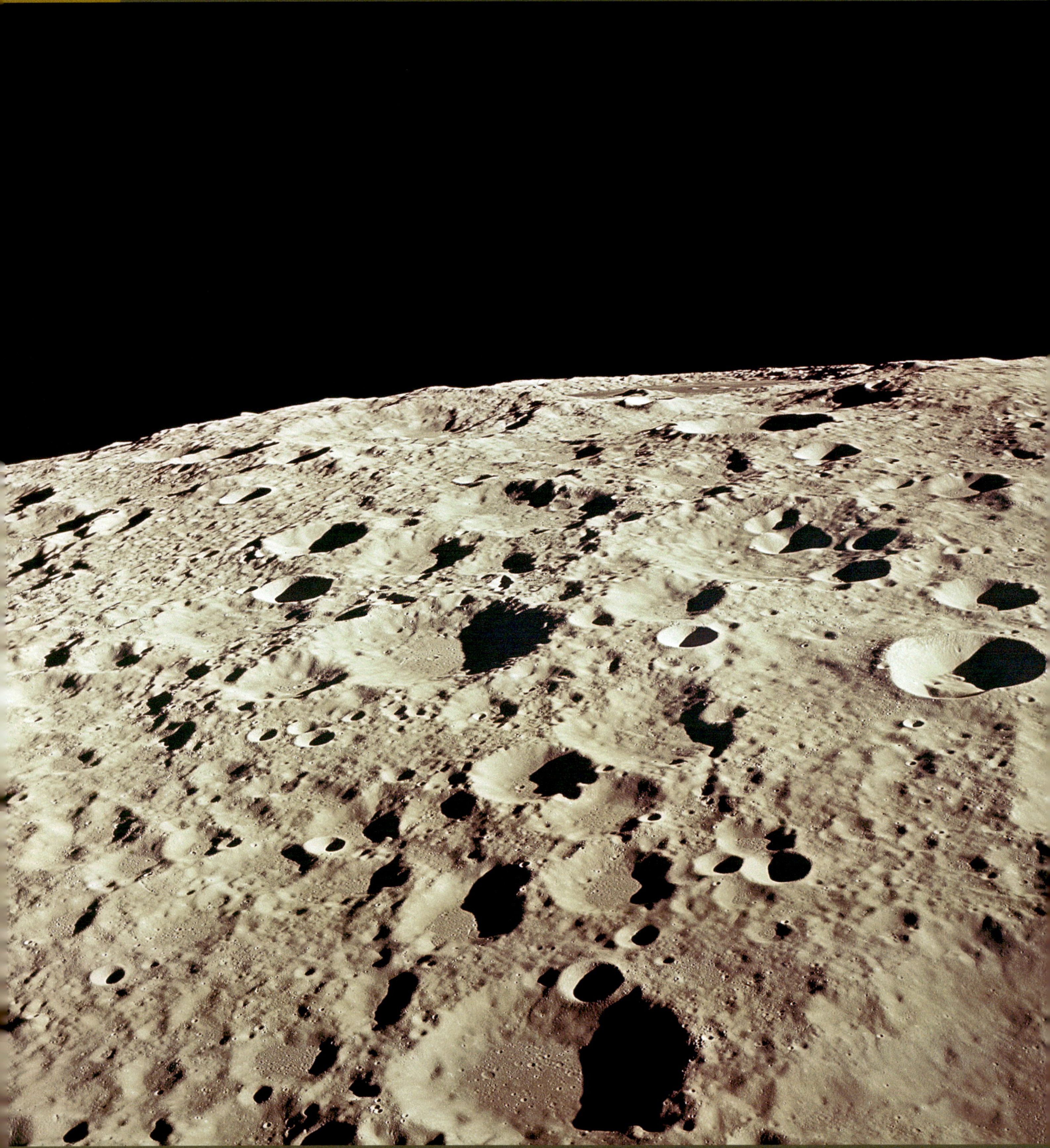

Los cráteres son causados por meteoritos o cometas que chocan contra la superficie de la Luna.

La Luna está cubierta de cráteres. Casi no tiene aire ni agua. Por ello, la Luna se calienta mucho de día y se enfría de noche. No hay mucha gravedad. Algo que pesa 60 libras en la Tierra (27 kilogramos) pesaría 10 libras (4,5 kg) en la Luna.

cráter un espacio vacío en forma de cuenco en el suelo

La Luna tiene muchos volcanes. Ya no están activos.

En 1609, Galileo Galilei fabricó un telescopio. Lo apuntó hacia la Luna. En aquella época, la gente pensaba que la Luna era plana. A través del telescopio, Galilei vio montañas. Vio **valles**. Se dio cuenta de que la Luna era similar a la Tierra.

valle una zona baja entre colinas o montañas

Las huellas de los astronautas del Apolo 11 siguen en la Luna.

En 1969, los primeros astronautas aterrizaron en la Luna. Tomaron fotografías. Realizaron **investigaciones**. Los astronautas trajeron rocas de vuelta a la Tierra. Los científicos siguen estudiando esas rocas.

investigar estudiar algo

Seis misiones espaciales llevaron hombres a la Luna. En tres de ellas condujeron vehículos exploradores en la Luna.

Los primeros astronautas eran pilotos de aviones. Hoy en día, la mayoría de los astronautas son científicos o ingenieros. Visitan estaciones espaciales y realizan investigaciones. También reparan cualquier cosa que se rompa en la estación. Los futuros astronautas volverán a la Luna.

Aunque los soviéticos nunca llegaron a la Luna, fueron los primeros en poner humanos en el espacio.

СССР

Al igual que la Tierra, la Luna tiene polos norte y sur. En los polos, el Sol permanece bajo. Algunos cráteres de los polos están siempre en la sombra. Permanecen fríos y oscuros. Esos cráteres podrían contener hielo. Los futuros astronautas podrían utilizar esa agua.

La Luna tarda unos 27 días terrestres en orbitar la Tierra.

Sin la Luna, la Tierra sería muy diferente. La Luna ayuda a mantener la Tierra estable mientras gira. Sin la Luna, el planeta se tambalearía más. Si la Tierra se tambaleara demasiado, nuestras estaciones cambiarían.

La Luna se aleja lentamente de la Tierra.

El espacio en el foco: Misiones lunares Artemis

El último humano pisó la Luna en 1972. El nuevo programa Artemis de la NASA volverá a llevar gente a la Luna. Artemis II planea volar alrededor de la Luna en 2025. En 2026, Artemis III planea aterrizar en la Luna. Los astronautas aterrizarán cerca del polo sur de la Luna. Las misiones posteriores construirán una base lunar. Los astronautas vivirán allí. Desde la Luna, algún día podrían ir a Marte.

NASA
esa

Índice

agua, 1, 19
Artemis, 22
astronuatas, 15, 16, 19, 22
Galilei, Galileo, 12
fases, 4
Marte, 8, 22
rocas, 8, 15
Sol, 4, 19